世界真奇妙：
送给孩子的手绘认知小百科

玻璃

蟋蟀童书 编著　　刘 晓 译

中国纺织出版社有限公司

图书在版编目（CIP）数据

世界真奇妙：送给孩子的手绘认知小百科. 玻璃 /
蟋蟀童书编著；刘晓译. -- 北京：中国纺织出版社有
限公司，2021.12

ISBN 978-7-5180-6593-6

Ⅰ.①世… Ⅱ.①蟋… ②刘… Ⅲ.①科学知识—儿
童读物②玻璃—儿童读物 Ⅳ.①Z228.1②TQ171.7-49

中国版本图书馆CIP数据核字（2019）第184135号

策划编辑：汤 浩 责任编辑：房丽娜 责任校对：高 涵
责任设计：晏子茹 责任印制：储志伟

中国纺织出版社有限公司出版发行
地址：北京市朝阳区百子湾东里 A407 号楼 邮政编码：100124
销售电话：010—67004422 传真：010—87155801
http://www.c-textilep.com
中国纺织出版社天猫旗舰店
官方微博http://weibo.com/2119887771
北京佳诚信缘彩印有限公司印刷 各地新华书店经销
2021年12月第1版第1次印刷
开本：787×1092 1/16 印张：14.75
字数：250千字 定价：168.00元／套（全8册）

凡购本书，如有缺页、倒页、脱页，由本社图书营销中心调换

小小玻璃，大有用途

玻璃在我们的日常生活中随处可见，

它是人类智慧的结晶。

玻璃不仅可以接纳阳光，抵御风寒；

还能够延伸视力，辅助科学家探索微生物的奥秘。

除此之外，玻璃透明而美观的特性，

也让艺术家们情有独钟。

随着科学技术的发展，

各种功能独特的新型玻璃层出不穷，

为我们的生活创造出一个又一个的奇迹！

如果恐龙的尾巴被一棵黏黏的树粘到，古生物学家们就乐开花了！

恐龙的羽毛

几百万年前，大树渗出的树脂把虫子和其他小东西紧紧裹住，然后树脂变成化石，成为一颗颗金色的琥珀。科学家们在各种各样的琥珀里发现了很多远古时期的宝藏。最近，科学家们有了新的发现：一小段有羽毛的恐龙尾巴。

这块琥珀是在缅甸发现的。科学家们在琥珀里发现了一段长有薄薄羽毛的尾巴，这段尾巴很可能来自叫作虚骨龙的恐龙，它们生活在九千九百万年前，是用两条腿走路的小型恐龙。

科学家们推测大多数恐龙应该都长了羽毛，但现在能找到的恐龙化石一般都是骨头了，所以能找到真正的恐龙羽毛是非常幸运的事。

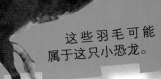

这些羽毛可能属于这只小恐龙。

彩虹岩

彩虹岩是中国"彩虹山"的一部分。彩虹岩漂亮的条纹像是艺术家们的杰作，不过它们全是自然形成的。

一开始这些条纹是看不见的，像是蛋糕的夹层一样藏在地底下。每一层都经历了很长时间才形成。水、氧气和岩石中的铁元素相互发生反应，有些岩石层就变成了铁锈一般的红色。另一些岩石层里含有其他的微量矿物元素，再发生反应后，这些岩石层变成了绿色、黄色或者蓝色。大约五千五百万年前，地球的两个板块慢慢地相互挤压。板块交界的地方高高突起，形成山脉，这些彩色的岩石层也揭开了神秘的面纱。

睡不着的海豚

飞旋海豚之所以叫这个名字，是因为它们在跃出海面的时候可以在空中旋转起舞。一些飞旋海豚生活在夏威夷附近的海里。游客们喜欢乘船出海，欣赏这些海豚跳舞。但这些游船可能会打扰海豚休息。

科学家们在夏威夷大岛附近的海里放置了一些传音器。他们发现白天海里的噪声很大。游船、渔船和摩托艇的发动机不断发出轰隆隆的声音。而飞旋海豚习惯在晚上捕猎，白天睡觉。这些噪声就吵得它

们在白天无法入睡。科学家们发现海豚们会相互交谈或者玩耍，就是不睡觉，可能它们在抱怨："你们可以安静一会儿吗？"

岩石中的铁元素和其他矿物元素为中国张掖地区的丹霞地貌画上了五颜六色的彩带。

是金子总会发光的！

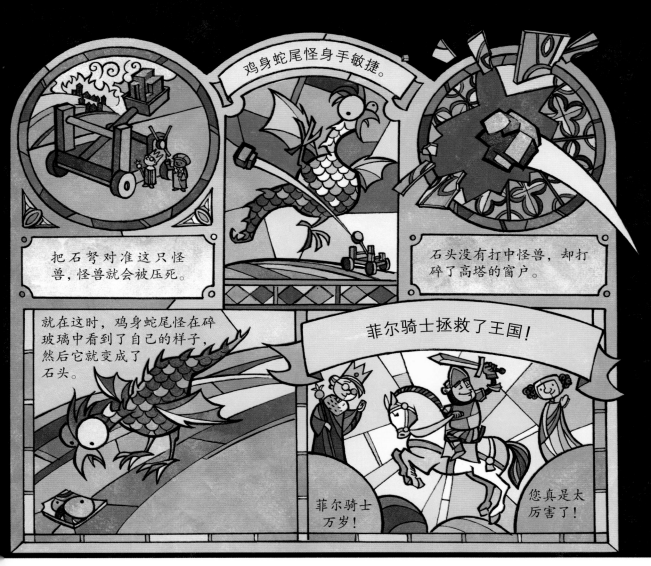

鸡身蛇尾怪身手敏捷。

把石弩对准这只怪兽，怪兽就会被压死。

石头没有打中怪兽，却打碎了高塔的窗户。

就在这时，鸡身蛇尾怪在碎玻璃中看到了自己的样子，然后它就变成了石头。

菲尔骑士拯救了王国！

菲尔骑士万岁！

您真是太厉害了！

你说过会帮我们换掉被打碎的窗户……

你们觉得你们的父母会相信鸡头龙身怪的故事吗？

玻璃大揭秘

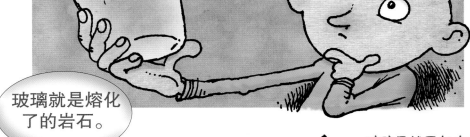

为什么玻璃是透明的？

戴夫·克拉克 绘

玻璃就是熔化了的岩石。

玻璃工厂

玻璃虽然看起来很奇妙，但它其实非常简单。

玻璃主要由二氧化硅（石英）构成，这种物质在地球上很常见。沙子大多都是细小的石英颗粒。往沙子里加一些碳酸钠，把沙子熔化，再加入一些生石灰吸水，最后把沙子加热到 1400 摄氏度，沙子就会变软，变成易于塑形、质地黏稠、晶莹剔透的团状物。

为什么熔化的沙子会变成玻璃呢？

从原子层面上看，二氧化硅是由硅原子和氧原子以固定模式排列形成的，也就是结晶体。沙粒就是由这种晶体组成。

二氧化硅熔化的时候，晶体结构会被破坏，二氧化硅分子自由地移动，这就是液态岩石。如果液态岩石慢慢冷却，晶体还会再次形成。

玻璃真是一种有趣的固体。

如果冷却速度很快，二氧化硅分子就来不及按照之前的顺序排列。相反，它们会随机在液体里面冻结。玻璃里面的其他物质也打乱了这种晶体结构。玻璃就像是为液态岩石拍了一张照片。地质学家称它为"非晶固体"，也就是没有固定内部结构的固体的意思。

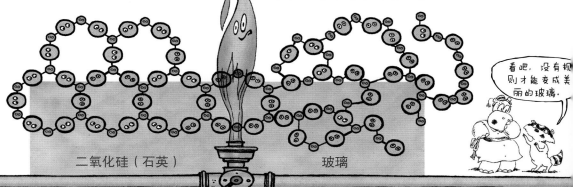

二氧化硅（石英）

玻璃

看吧，没有规则才能变成美丽的玻璃。

光可以透过玻璃中的原子。

光不能透过墙里的原子。

玻璃是固体。你没办法穿过玻璃，但是为什么你能透过玻璃看到东西呢？

光线在物体表面发生散射，因为一些光被我们的眼睛捕捉到，所以我们就能看见这个物体。只有一部分光能够被反射，这部分光形成了我们所看到的颜色。其余的光则被物体里面的原子吸收了。

哪些光能被反射，哪些光会被吸收，这取决于物体中的原子和分子(由原子构成)的种类。

恰好玻璃中主要的原子不吸收人类能看到的波长的光（但玻璃能吸收紫外线）。玻璃内部并没有能够分散光线的晶体，所以当一束光照在玻璃上，它几乎会原封不动地穿过玻璃。

玻璃的确会减慢光的传播速度，厚厚的玻璃还能改变光的方向，这就是透镜的原理。

玻璃质地坚硬、晶莹剔透、防火防水，也不会生锈。

玻璃可以被涂成五颜六色，通过弯曲、吹制或者使用模具，还能把玻璃做成各种各样的形状。你能想出玻璃的哪些用途？现在，你能在房间里找到几种玻璃做的东西？试想一下，假如没有了玻璃，我们的生活会变成什么样子？

制作玻璃

公元前20000年 来自火山的玻璃

石英石被滚烫的火山岩浆熔化后，会形成一种天然的玻璃——黑曜石。古人们把黑曜石收集起来，做成锋利的工具。

鲁珀特·范·维克 绘

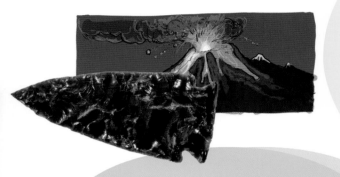

大约公元前3000年 釉彩

可能早在5000年前，住在伊拉克附近的古人就开始制造玻璃了，他们用玻璃给陶罐上釉。一些工人在做陶罐的时候，把细碎的石英石或者沙子装饰在陶罐上，开始烧制。这时候，陶罐上的石头就会熔化，为陶罐披上一层薄薄的外衣——釉面。之后，可能有的人尝试单独烧制玻璃釉面。

公元前1500年 人造宝石

古埃及人利用金属粉末给玻璃上色。一小撮铜粉就能把玻璃变成红色，钴可以把玻璃染成蓝色，而锡可以把玻璃变成白色。五颜六色的人造玻璃被人们加工成人造宝石，作为珠宝或者陪葬品使用。

太美了！

哎呀呀！好烫！好烫！

公元前1350年 玻璃罐子

古埃及人把熔化的玻璃涂在陶瓷表面。等玻璃冷却后，再从里面把陶罐打碎，这样，玻璃罐子就做好了。

公元前1330年 沙漠里的玻璃

在撒哈拉沙漠的北部，旅行者有时会发现很重的、金黄色的玻璃块，这些玻璃是2.6亿年前，陨石撞击沙漠，使沙子熔化后形成的。图坦卡蒙法老项链最中心的圣甲虫就是用这种陨石玻璃雕刻的。

公元前50年 吹制玻璃

叙利亚的玻璃工人发明了一个妙招。他们把一根金属管插进滚烫的玻璃团里，把玻璃吹成一个空心的玻璃泡泡。然后再用模具或者钳子把玻璃泡泡做成各种各样的形状。吹制玻璃速度快，成本低，没过多久，每个人都能买得起玻璃器皿盛放鱼露了。

公元50年 马赛克

古罗马的富人们把一小块一小块彩色的玻璃嵌进水泥中，拼成各种各样的图案，来装饰自己的家，这些图案就叫作马赛克。

啊，我的天，这是2000年前的番茄酱呀！

1350年 玻璃护身符——伊甸之运

中世纪一位英国的旅行家从叙利亚把一个小杯子带回了英国，这只杯子精美无比，声名远播。传说这只杯子是精灵们留下的，人们还说："杯子破碎之时就是伊甸之运离别之时。"现在这个杯子还完好无损地陈列在伦敦的一个博物馆里。

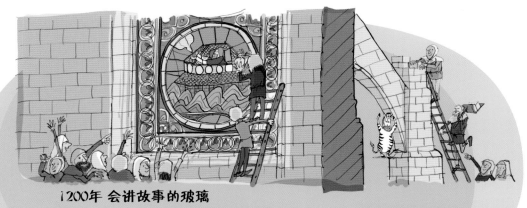

1200年 会讲故事的玻璃

中世纪教堂的彩色玻璃窗上画着圣人或者《圣经》里的场景，能够帮助不识字的人了解《圣经》。人们非常喜欢这种彩色玻璃，所以他们开始在教堂的墙上搭石头架子（扶壁），这样，教堂的窗户就能做得更大了。

1291年 玻璃岛

人们需要用高温熔炉来制作玻璃，这对于意大利的威尼斯这个建造在木桩上的城市来说非常危险。于是1291年，威尼斯就把所有玻璃制作者搬到了穆拉诺岛。小岛上聚集了非常多的玻璃专家。很快，穆拉诺的玻璃就变得举世闻名了。

1450年 玻璃中的科学

穆拉诺岛的一名玻璃工人发明了一种非常干净透明的玻璃。这种玻璃在制作过程中加入了一种沼泽植物燃烧后的灰烬。很快，玻璃工人就把这种新玻璃做成了眼镜、望远镜、温度计、烧瓶和显微镜，开创了玻璃发展的新纪元。

怎么做一扇窗户

很多年以来，人们尝试过各种办法。

中世纪到18世纪

不停地旋转一个滚烫的玻璃气泡，直到气泡变得扁平，然后把圆圆的玻璃盘切成一块方形的玻璃。

古罗马时期到20世纪

把玻璃吹成圆柱形，再切成两半，把每一半都压平整。

18世纪到20世纪60年代

把熔化的玻璃倒进一个方形的模具里，然后把玻璃压平，打磨光滑。

20世纪60年代至今

把熔化的玻璃注入有热锡的桶里。浮法技术现在平板玻璃制作的主要方法。

1608年 美国玻璃

在美国弗吉尼亚州詹姆斯镇安家的第一批移民是德国和波兰的玻璃工匠，他们在树林里建造了一个吹制玻璃炉。玻璃工匠为其他移民们做玻璃瓶子，用玻璃珠子和美洲原住民换东西。

18世纪 看窗户收税

1696 年 到 1851 年，英国政府根据一座房子的窗户数量向居民征税。这是因为富人们的房子有很多窗户，所以要交更多的税。但是很多人为了避免缴税，就把家里的窗户都封了起来。

1887年 玻璃纤维

科学老师查尔斯·博伊斯发现，如果把熔化的玻璃粘在弩的尾巴上，然后扣动扳机，玻璃就会被拉得好长好长。这种超细的玻璃纤维用处非常大。

我以前不知道原来制作玻璃这么有趣！

20世纪50年代 摩天大楼

德国建筑家密斯·凡·德·罗为了给大楼换上新外观，就用玻璃覆盖大楼表面。他之所以可以这么做，是因为现代建筑的内部非常坚固，外墙不用承担大楼的重量。而且，坚固的新型玻璃也能起到承重作用。

21世纪 网络电缆

现在，玻璃还有另一个神奇的作用，就是帮助互联网正常运作。光纤电缆是由成千上万根和头发丝一样细的玻璃丝组成，可以用来在世界各地间传递电子邮件和网络信息。电脑代码以光信号的形式传播。

快艇起来!

都过了一个小时了,它怎么还是一动不动?

玻璃

沙琳·布鲁索　文

透过博物馆的玻璃罩子看,有只棕色的小章鱼正在伸展它的触手,准备溜走。但这只章鱼哪儿也不会去,因为它是玻璃做的。

它的身边还有栩栩如生的水母、海蚕、海绵和珊瑚,还有一些海藻,它们全都是150多年前人们用玻璃制作的。是谁创造了这些玻璃生物呢?目的又是什么?

玻璃章鱼的起源可以追溯到1822年,这一年利奥波德·布拉施卡出生在一个玻璃工匠之家。布拉施卡一家制作玻璃的历史已经有300年了。他们尤其擅长制作玻璃眼睛,他们的手艺在整个欧洲都是数一数二的。

利奥波德长大后同样也成了一位玻璃大师。后来,他乘船去了美国,一路上,他都在感叹僧帽水母和其他各种水母如此美妙,它们就像是有生命的玻璃一样。他绞尽脑汁地思考,自己能用什么办法永远留住这样的美。

这次旅行结束后,利奥波德结了婚,做玻璃兰花成了他的爱好。不久后,当地一家博物馆让利奥波德帮忙用玻璃做一些花朵和海洋生物,用来展览。那个年代没有电脑

海洋

更没有视频，老师们只能用玻璃模型来教学生们认识海洋生物。玻璃珊瑚和海参不需要食物，也不必住在昂贵的水族馆里。为了做出科学又精确的模型，利奥波德查阅了大量的资料。

利奥波德的儿子鲁道夫也成了一名玻璃工匠。父子两人齐心协力，为很多博物馆和学校制作了海洋生物的模型。

玻璃章鱼的诞生

布拉施卡一家怎么会知道真正的章鱼长什么样呢？因为他们养过一条活章鱼！布拉施卡一家在他们的工作室里建了一个玻璃水族馆，还让渔夫把活的海洋生物送到工作室。通过观察水池里的活章鱼，布拉施卡父子知道了章鱼皮肤的颜色以及皮肤上面的图案，了解了章鱼的运动方式。

为了做出逼真的章鱼，鲁道夫和利奥波德在笔记本上画满了章鱼的细节图和水彩画。这只奇特的章鱼的制作从一片薄薄的玻璃开始。利奥波德小心翼翼地为玻璃的边缘加热，让它变软、凹陷。然后他用钳子拉伸热玻璃的边缘。他来回地加热不同的部位，直到玻璃变成钟形，这样一来，章鱼的身子就做好了。

接下来轮到制作章鱼的触手了。利奥波德把玻璃的边缘切成像花瓣一样。然后分别给每一片玻璃花瓣加热，再拉成细细的条。

在利奥波德做章鱼触手的同时，鲁道夫做了许多玻璃圆环。这些圆环在加热后会被粘到触手上，变成吸盘。接着，鲁道夫把章鱼的触手弄弯，章鱼就变得栩栩如生了。

他们为什么不用塑料呢？

那时候还没有塑料呢。

布拉施卡一家还是"拉丝工匠"，因为他们可以用一种小型火枪（加热器）给玻璃加热，让玻璃变软，火苗的温度可以达到730摄氏度。这种加热器以煤油为燃料。脚踏打气泵可以控制空气的流量。空气越多，火苗的温度越高。布拉施卡家族用金属剪刀、钳子和其他小型工具来给热玻璃塑型。

保持这个姿势别动.

海葵

至于章鱼的眼睛，鲁道夫把一颗热玻璃球放在红色熔块或者玻璃粉上滚一滚，熔块就会熔化，渗进玻璃球里，只有当玻璃球冷却后，人们才能知道它真正的颜色。鲁道夫把眼睛放在章鱼头部相应的位置上，又开始制作第二只眼睛。鲁道夫和利奥波德趁着玻璃球还没变硬的时候，给每只眼睛都塑了型，赋予章鱼好奇的表情。

鲁道夫负责给章鱼上色。在玻璃冷却下来之前，鲁道夫把碎玻璃不均匀地撒到章鱼的头和触手上，形成章鱼皮肤上的斑点。

章鱼做好后，父子俩把它放进一种特殊的退火炉里，让章鱼慢慢冷却。如果玻璃冷却的速度太快，就会产生裂痕甚至碎裂。要真是这样的话，布

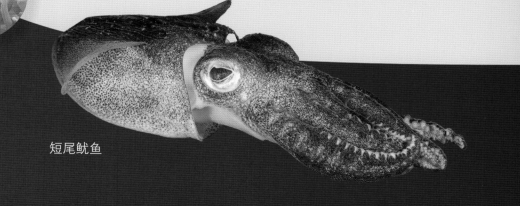

短尾鱿鱼

海毛虫

玻璃把大海带到了每个人身边。

拉施卡父子俩又要从头做起了。制作玻璃需要极大的耐心，在退火炉里放了一天一夜后，章鱼逐渐冷却，接下来，这份精美又科学的艺术品就会被送到新主人的身边。

从1863年到1936年，布拉施卡家族制作了成千上万件海洋动植物的玻璃模型。不少玻璃模型一直保存到现在。这些玻璃章鱼实在是太逼真了，现代的科学家在这些模型的帮助下寻找消失的物种，了解100年前的海洋。

通电之后，我还会变得更美！

珍珠海葵

紫水母

特雷西·万多·布林克　文　　迈克尔·切斯沃斯　绘

因祸得福

——忘记洗的烧瓶，却让汽车更安全

1903 年的一天，法国科学家爱德华·贝内迪克都斯爬上梯子去拿架子上的化学试剂时，他的胳膊不小心把一个空的玻璃烧瓶碰到了地上——砰！

贝内迪克都斯从梯子上爬下来，准备清理碎片，但是他惊奇地发现烧瓶并没有摔碎，而是裂成了蜘蛛网的样子。贝内迪克都斯百思不得其解。他问助手这是为什么。助手解释说，自己在做实验的时候，用这个烧瓶装过液体塑料，用完后他就把烧瓶放在一旁了。液体塑料变干后是透明

的，所以烧瓶看上去就像空的一样。助手以为烧瓶已经清洗过了，所以就直接把它放回架子上了。贝内迪克都斯发现正是由于这层塑料膜的保护，玻璃掉到地上才没有摔碎。

就在那一周，巴黎的报纸报道了一起汽车相撞的事故。那时候，汽车刚刚面世，很多人开着汽车在路上飞奔。不幸的是，那时候还没有红绿灯和交通信号。很容易发生汽车相撞事故，事故一旦发生，汽车的挡风玻璃会被撞碎，人们总是被飞来的玻璃碎片划伤。

我在创造！

贝内迪克都斯在自己的日记中写道："当他在报纸上读到这篇文章的时候，一瞬间，那个没有摔碎的烧瓶浮现在眼前。"于是他一跃而起冲进实验室。烧瓶未被摔碎的意外真的能有用吗？

贝内迪克都斯一整天都在做实验。他一次又一次地把液体塑料涂到玻璃上，然后把玻璃打碎，试图找到玻璃不会碎的方法。

最后，贝内迪克都斯把液体塑料夹在两块玻璃中间，然后压紧玻璃。当他敲打玻璃的时候，这块"三明治"玻璃裂开了，但没有碎成一片一片的。他成功了！他写道："我终于做出了我的第一块特普莱克斯（他给自己的发明起的名字）——我看到了它光明的未来。"

但是这个未来等了 10 年都没有

玻璃样板

玻璃
聚氯乙烯
玻璃

更坚硬的玻璃

如今，车窗玻璃和防弹玻璃都是用贝内迪克都斯的"三明治"法做成的。玻璃工匠们也想出了许多让玻璃变硬的方法。

将玻璃加热，然后迅速冷却，就能造出钢化玻璃。因为在迅速冷却的过程中，玻璃的最外层会变硬，但玻璃内层还是热的、软的。里面的玻璃在冷却的时候，会形成很多坚固的线条，紧紧拉住外层的玻璃，从而让玻璃更坚硬。

通过离子交换法，用更大的原子替换玻璃中原来的原子，让玻璃更坚硬，手机屏幕使用的就是这种玻璃。大原子紧紧挤在一起，保护玻璃不被刮花或者碎裂。

来。他花了很长时间，才说服汽车制造商在挡风玻璃上使用这种新型的安全玻璃。

从贝内迪克都斯那个年代起，用来制造安全玻璃的塑料夹层不断被人们改进，但他的"三明治"方法直到今天还被广泛使用，就连防弹玻璃也是用这种方法制成的，只是中间的夹层被换成了更坚固的塑料。

这个笨手笨脚的科学家在不小心碰掉了一个忘记清洗的烧瓶后，竟然发明了如此神奇的东西，直到现在还在保护着我们的安全。

我希望你能发明一种防马尔文玻璃！

本·富兰克林最爱的发明

亚当·拉库姆 绘

> 大家好！我是本杰明·富兰克林。在我的一生中，我做过很多有趣的事情——写新闻、捕捉闪电、发动革命等。但是今天，我要向你们展示我最爱的一项发明——玻璃琴！为了弹奏玻璃乐器，在高脚酒杯中倒上水，然后手指头蘸上水，用指尖来回摩擦杯子边缘，玻璃就开始唱歌了，玻璃杯中水的多少代表着不同的音符。

你有没有试过把手指蘸上水，摩擦水杯的杯口边缘？如果你的方法是正确的，你会听到响亮而纯净的声音，这种声音像是铃声或者是幽灵的歌声。

1759年，本杰明·富兰克林去伦敦参加一场不同寻常的音乐会，演奏的乐器全是装着水的杯子。他很喜欢那种声音。这给他发明新乐器带来了启发。

他在玻璃工匠那里定做了一套大小不一的玻璃碗，每个碗的中间都有个洞。然后他把碗叠起来，在碗和碗之间垫一些木塞，再用一根金属杆把碗串起来。接着，他把这一叠碗放进装了水的托盘里，让碗沾上水。演奏者脚踩踏板，带动轮子，就能让碗转起来。

瞧！你就这样坐着，脚踩踏板，就能让玻璃碗转动起来，你只需要用手指轻轻摩擦碗口就行了！不同大小的碗能发出不同的音调。

许多人都是玻璃琴的粉丝。莫扎特和贝多芬还专门为玻璃琴谱曲。就连法国的女王都买了一架玻璃琴。富兰克林和亲朋好友一起演奏玻璃琴，度过了不少欢乐时光。他曾说过："在我所有的发明中，玻璃琴赋予了我最大的满足感。"

你的琴需要调音了！

奇思　妙想

索尔·威克斯特龙　绘

玻璃大胃王

你能往装满水的玻璃杯里放多少个硬币?

问问你的朋友们,在水溢出来之前,他们能在装满水的杯子里放多少个硬币。他们可能会猜2个或者5个,但实际上能放更多。为了有更好的表演效果,你可以对着水念个"咒语",表示你对水施了魔法。那么,在水溢出之前,你能放几个硬币呢?结果会让你大吃一惊!

需要的材料:
一个大水杯
水
一堆硬币
一张纸

步骤:

把玻璃杯倒满水,直到水快要溢出来了。在玻璃杯底下垫一张纸。

现在可以往杯子里放硬币了:手指抓住硬币的边缘,轻轻地丢进水里。不要把硬币高高地丢下去(避免溅起

水波),手指也不要碰到水面。你可以一个接一个地把硬币放进杯子里。如果水面泛起涟漪,你就需要等水面平静之后再丢下一个硬币。

原理:

这项绝技其实一点也不神奇,这其实是水的一种特性,叫作表面张力。在和空气接触时,水表面的水分子彼此紧紧相连,形成一张有弹性的网,能够防止水溢出来,除非水下的压力比表面张力还大,网就破掉了。

在扔进10～20个或者30～40个硬币后,你可以停下来,从侧面观察水杯。这时,你会发现水面已经凸出来,比杯口还高了,却被看不见的表面张力形成的网紧紧护住。

马尔文和他的朋友们

索尔·威克斯特龙　绘